TABLEAUX

DE

LA VÉGÉTATION ET DE L'ANIMALISATION

DE L'ANCIEN MONDE,

OU

DES PÉRIODES QUE LA VÉGÉTATION ET L'ANIMALISATION ONT SUIVIES LORS DE LEUR APPARITION SUCCESSIVE A LA SURFACE DE LA TERRE PENDANT LES TEMPS GÉOLOGIQUES.

On n'a compris dans ces Tableaux que les principaux genres qui ont fait partie des Végétaux et des Animaux des Périodes géologiques. Ils auraient été trop surchargés si on avait voulu y comprendre les espèces qui faisaient partie de ces types génériques.

Ces Tableaux ont dû être divisés en deux parties, suivant qu'ils s'appliquent aux Végétaux et aux Animaux. On a dû encore en former autant qu'il y a, non-seulement de Périodes, mais d'Époques géologiques. Ils sont donc l'expression de ces Époques et des Êtres qui les ont animées.

PREMIÈRE PÉRIODE.

TERRAINS DE TRANSITION ET HOUILLERS.

TABLEAU des Périodes que la végétation et l'animalisation ont suivies lors de leur apparition successive à la surface de la terre pendant les temps géologiques.

PREMIÈRE PÉRIODE.

PREMIÈRE ÉPOQUE (VÉGÉTAUX).			
NATURE DES DÉPÔTS.	CLASSES VÉGÉTALES.	FAMILLES VÉGÉTALES.	GENRES DE VÉGÉTAUX.
		Plantes marines.	
Terrains intermédiaires ou de transition, comprenant les deux systèmes de couches à fossiles, nommés *groupes cambriens* et *siluriens*. Le premier, ou l'inférieur, paraît pouvoir être séparé en deux groupes principaux. Le second, ou le moyen, se divise aussi naturellement en deux groupes, *l'inférieur* et le *supérieur*. Quant au plus jeune de ces groupes, il est formé par le vieux grès rouge (*old red sandstone*), qui termine la série des terrains de transition.	1° Végétaux cellulaires aphyles, ou agames.	Algues.	Fucoïdes. Un seul genre.
		Plantes terrestres.	
	2° Végétaux cryptogames semi-vasculaires, ou athéogames.	1° Equisétacées.	Calamites. Un seul genre.
		2° Fougères.	Himenophyllites. Sphenopteris. Cyclopteris. Nevropteris. Pecopteris. Sigillaria. Adiantites. Gleichenites. Aspidites. 9 genres.
		3° Marsiliacées.	Sphenophyllum. Un seul genre.
		4° Lycopodiacées.	Lycopodites. Lepidodendron. Stigmaria. Selaginites. 4 genres.
Terrains de transition inférieurs. Groupe cambrien.	*Classe incertaine.*	*Famille incertaine.*	Asterophyllites. Un seul genre.
	3° Phanérogames monocotylédons.	5° Cannées.	Cannophyllites. Un seul genre.
Terrains de transition moyens. Groupe silurien.		6° Graminées. . . .	Triticum ? Un seul genre.
	En totalité, 3 classes.	En totalité, 6 familles.	En totalité, 19 genres.
Terrains de transition supérieurs. Groupe dévonien.			

La simplicité des formes des végétaux des terrains de transition est remarquable, surtout à côté de la grande complication des types qu'ont présentée les animaux de cette même époque.

PREMIÈRE ÉPOQUE (ANIMAUX).			
EMBRANCHEMENT.	CLASSES.	FAMILLES.	GENRES.
ANIMAUX INVERTÉBRÉS.	*Animaux marins.* Zoophytes. . .	Rayonnés.	Manon. Scyphia. Tragos. Gorgonia. Stromatopora. Madrepora. Cellepora. Millepora. Retepora. Nullipora. Flustra. Ceriopora. Heliopora. Agaricia. Lithodendron. Caryophyllia. Fungites. Anthophyllum. Turbinolia. Cyathophyllum. Strombodes. Astrea. Meandrina. Columnaria. Glauconome. Coscinopora. Catenipora. Syringopora. Tubipora. Sarcinula. Cyclolites. Calamopora. Sertularia. Aulopora. Favosites. Monticularia. Spongia. Mastrema. Alcyonium. Amplexus. Cellaria. Alecto. Entophyllum. Tubulipora. Alveolites. Thamnopora. Limaria. Eschara. Echinospherites. En totalité, 49 genres.

TABLEAU des Périodes que la végétation et l'animalisation ont suivies lors de leur apparition successive à la surface de la terre pendant les temps géologiques.

PREMIÈRE PÉRIODE.

PREMIÈRE ÉPOQUE (ANIMAUX).				
NATURE DES DÉPÔTS.	EMBRANCHEMENTS.	CLASSES.	FAMILLES.	GENRES.
Terrains intermédiaires ou de transition inférieurs. Groupe cambrien. — Terrains de transition moyens. Groupe silurien — Terrains de transition supérieurs. Groupe dévonien	ANIMAUX INVERTÉBRÉS.	Zoophytes.	Radiaires.	Asterias. Eucalyptocrinites. Encrinites. Eschinophærites. Pentacrinites. Pentremites. Actinocrinites. Sphæronites. Cyathocrinites. Halocrinites. Platycrinites. Echinus. Rhodocrinites. Tentaculites. Melocrinites. Apiocrinites. Cupressocrinites. Marsupites. Eugeniocrinites. En totalité, 19 genres.
		ANIMAUX ARTICULÉS. *Premier ordre.* Annélides.	Tubicoles.	Spirorbis. Serpula. Plusieurs espèces, dont certaines sont gigantesques. 2 genres.
		Deuxième ordre. Insectes.	Coléoptères.	Scarabæus ? Melolontha ? 2 genres.
			Hémiptères.	Aphis ? 1 genre.
			Lépidoptères.	Papilio ? 1 genre.
			Aptères.	Scolopendra ? 1 genre. En totalité 5 genres.
		Troisième ordre. Crustacés.		Calymène. Agnostus. Asaphus. Isotelus. Ogygia. Trilobites. Paradoxites. Proetus. Nileus. Cytherina. Illænus. Battus. Ampyx. Homolotus. Olenus. En totalité, 15 genres.

PREMIÈRE ÉPOQUE (ANIMAUX).				
NATURE DES DÉPÔTS.	EMBRANCHEMENTS.	CLASSES.	FAMILLES.	GENRES.
Terrains intermédiaires ou de transition.	ANIMAUX INVERTÉBRÉS.	Mollusques.	*Animaux marins.* Acéphales testacés ou conchifères.	Thecidea. Ostrea. Spirifer. Homolothus. Terebratula. Lingula. Stryggocephalus. Cyrthia. Calceola. Nucula. Strophomena. Pterinea. Producta. Inoceramus. Gryphæa. Orthis. Avicula. Leptæna. Pecten. Delthyris. Plagiostoma. Atrypa. Megalodon. Gipidium. Trigonia. Crania. Cardiola. Pleuronectites. Cardium. Pentamerus. Cardita. Spherulites. Isocardia. Hinnites. Cypricardia. Modiola. Posidonia. Chama. Ungulites. Tellina. Orbicula. En totalité, 41 genres.
			Animaux marins et des eaux douces. Céphalés ou univalves et multiloculaires.	Patella. Pleurotoma. Pileopsis. Murex. Melanopsis. Buccinum. Melania. Cerithium. Natica. Pyramidella. Nerita. Clymenia. Solarium. Orthoceratites. Delphinula. Hortolus. Cirrus. Gyrthoceratites. Conularia. Spirolina. Pleurotomaria. Nautilus. Evomphalus. Phragmoceras. Trochus. Lituites. Turbo. Spirula. [illegible]tella. Bellerophon. Terebra. Ammonites. En totalité, 32 genres.
	ANIMAUX VERTÉBRÉS.	Poissons. *Premier ordre.* Ganoïdes.	Lépidoïdes.	Catopterus. Gyrolepis. Cheirolepis. Palæoniscus. Cheiracanthus. Platysomus. En totalité, 6 genres.
		Second ordre.	Sauroïdes.	Pycopterus. Cephalaspis. Acrolepis. En totalité, 3 genres.
		Placoïdes.	Sélaciens.	Onchus. En totalité, 1 genre.

TABLEAU des Périodes que la végétation et l'animalisation ont suivies lors de leur apparition successive à la surface de la terre pendant les temps géologiques.

PREMIÈRE PÉRIODE.

SECONDE ÉPOQUE DE LA PREMIÈRE PÉRIODE (VÉGÉTAUX).

NATURE DES DÉPÔTS.	CLASSES.	FAMILLES.	GENRES.
Terrains secondaires déposés avant la séparation des mers intérieures de l'Océan. Groupe carbonifère, ou terrains houillers.	I. Agames.	Algues.	Algacites. — Caulerpites. 2 genres.
	II. Cryptogames semi-vasculaires, ou æthéogames.	Equisétacées. .	Equisetum. — Calamites. 2 genres.
		Fougères . . .	Alethopteris. — Beinertia. — Boekschia. — Cheilanthites. — Cyatheites. — Danaites. — Diplacites. — Glockeria. — Gleichenites. — Hemitelites. — Hymenophyllites. — Steffensia. — Sphenopteris. Cyclopteris. — Glossopteris. — Nevropteris. — Pecopteris. — Lonchopteris. — Odontopteris. — Schizopteris. — Filicites. — Sigillaria. — Syringodendron — Balantites. Otopteris. — Karstenia. — Cottaea. — Asterocarpus. — Rhytidolepis. — Adiantites. — Aspidites. — Asplenites. 32 genres.
		Marsiliacées .	Sphenophyllum. — Rotula. 2 genres.
		Lycopodiacées.	Lycopodites. — Selaginites. — Lepidodendron. — Dunaites. — Cardiocarpum. — Stigmaria. — Favularia. — Lepidostrobus. 8 genres.
			Des végétaux monocotylédons qui appartiennent aux lycopodiacées arborescentes, ou à des lépidodendron, dont la partie externe présente quelquefois une petite étoile hexagone, ont été décrits sous les noms de *psarolithe* et d'*asterolithe*. Leur partie centrale a été désignée sous la dénomination d'*helminth©lithe* ou d'*endogenite*.
	III. Phanerogames. 1° Monocotylédons.	Palmiers. . . .	Flabellaria. — Zeugophyllites. — Nœggerathia. 3 genres.
		Cannées. . . .	Caryophyllites. 1 seul genre.
		Famille incertaine.	Sternbergia. — Poacites. — Musocarpum. — Trigonocarpum. 4 genres.
	2° Gymnospermes.	Conifères. . . .	Pinites. 1 seul genre.
			Des bois indéterminés paraissent se rapporter à la famille des conifères.
	Classe incertaine. .	Famille incertaine.	Annularia. — Asterophyllites. Bornia. — Bruckmannia. — Bechera. — Artisia. — Wolkmania. — Phytotheca. — Knorria. — Halonia. — Megaphyton. — Galium. 12 genres.
			Au moins deux autres genres indéterminés.
	En totalité, quatre classes.	En totalité, 9 familles.	En totalité, 67 genres au moins.

SECONDE ÉPOQUE DE LA PREMIÈRE PÉRIODE (ANIMAUX).

EMBRANCHEMENT.	CLASSES.	FAMILLES.	GENRES.
ANIMAUX INVERTÉBRÉS.	Zoophytes. . . .	Rayonnés. . . .	Scyphia. — Millepora. — Cellepora. — Retepora. — Caryophyllia. — Fongia. — Turbinella. — Favosites. — Cyathophyllum. — Meandrina. — Astrea. — Catenipora. — Tubipora. — Syringopora. — Calamopora. — Lithrostion. — Amplexus. — Gorgonia. Plusieurs genres indéterminés. 18 genres déterminés.
		Radiaires. . . .	Pentacrinites. — Posteriocrinites. — Platycrinites. — Actinocrinites. — Melocrinites. — Rhodocrinites. — Cyathocrinites. — Ocrinites. — Encrinites. — Pentremites. 10 genres. En totalité, 29 genres de zoophytes.
	ANIMAUX ARTICULÉS. *Ordre premier.*		
	Annélides.	Tubicoles. . . .	Serpula. 1 seul genre.
	Ordre deuxième.		
	Insectes.	Coléoptères. . .	Curculio. — Brachycerus. 2 genres.
		Névroptères. . .	Corysdalis. 1 seul genre.
	Ordre troisième.		
	Arachnides. . . .	Scorpionides. . .	Cyclophthalmus. 1 seul genre.
	Ordre quatrième.		
	Crustacés.	Trilobites. . . .	Calymène. — Asaphus. — Paradoxites. Trilobites. 4 genres.
		Branchiopodes. .	Limulus. 1 seul genre.
			En totalité, 10 genres d'animaux articulés.

TABLEAU des Périodes que la végétation et l'animalisation ont suivies lors de leur apparition successive à la surface de la terre pendant les temps géologiques.

PREMIÈRE PÉRIODE.

SECONDE ÉPOQUE DE LA PREMIÈRE PÉRIODE (ANIMAUX).

NATURE DES DÉPÔTS.	EMBRANCHEMENTS.	CLASSES.	FAMILLES.	GENRES.
	ANIMAUX INVERTÉBRÉS.	Mollusques. . . .	*Animaux marins.* Acéphales testacés ou conchifères.	Pentamerus. — Spirifer. — Terebratula. — Lingula. — Saxicava. — Crania. — Productus. — Vulsella. — Hyatella. — Mya-productus. — Ostrea. — Binnites. — Pecten. — Strophomena. — Unio. — Nucula. — Arca. — Chama. — Hippopodium. — Ungulites. — Cypricardia. — Cardium. — Tellina. — Sanguinolaria. — Avicula. — Astarte. — Mytilus. — Modiola. — Megalodon. 29 genres.
			Animaux marins et des eaux douces. Céphalés univalves et multiloculaires.	Patella. — Planorbis. — Natica. — Melania. — Melanopsis. — Ampullaria. — Nerita. — Pyramidella. — Delphinula. — Cirrus. — Evomphalus. — Delphinularis. — Trochus. — Turitella. — Pleurotomaria. — Turbo. — Helix. — Helicina. — Turitella. — Buccinum. — Conularia. — Bellerophon. — Goniatites. — Orthoceratites. — Nautilus. — Orthoceras. — Ammonites. 28 genres.
				En totalité, 57 genres de mollusques.
GROUPE CARBONIFÈRE, OU TERRAINS HOUILLERS.	ANIMAUX VERTÉBRÉS.	POISSONS. *Premier ordre.* Ganoïdes.	Lépidoïdes.	Amblypterus. — Palæoniscus. — Eurynotus. — Acanthodes. — Gyrolepis. — Characanthus. — Cheirolepis. — Catopterus vel Dipterus. 8 genres.
			Sauroïdes.	Pygopterus. — Megalichtis. — Cephalaspis. — Holoptychius. 4 genres.
		Second ordre. Placoïdes.	Sélaciens.	Orodus. — Onchus. — Asteracanthus. — Oracanthus. — Tristichyus. — Leptacanthus. — Asteroptychius. — Ctenacanthus — Gyracanthus. — Pristacanthus. — Sphenacanthus. — Pleuracanthus. — Ctenoptychius. — Orthacanthus. — Physonemus. — Lepracanthus. — Helodus. — Chomatodus. — Cochliodus. — Psammodus. — Ctenodus. En totalité, 21 genres.
				En totalité, 33 genres de poissons.
				Le genre *amblypterus*, qui se rencontre pour la première fois dans les terrains houillers, a une organisation si singulière, qu'on a de la peine à se familiariser avec ses traits, et à le rapporter avec ce que l'on connaît des poissons. D'après la particularité de ses caractères, ce genre a dû naître dans des circonstances bien différentes de celles qui régissent le monde actuel. Les amblypterus paraissent être circonscrits dans les terrains houillers avec quelques *palæoniscus*, qui, comme eux, ont des caractères tout spéciaux. Il n'en existe pas la moindre trace dans la création actuelle, ni même dans les terrains tertiaires crayeux ou jurassiques. L'un des genres qui caractérisent les terrains houillers, celui des *palæoniscus*, avait été désigné par M. de Blainville sous le nom de *palæothrissum*. M. Agassiz ne lui a pas conservé cette dénomination. Comme tous les lépidoïdes, le corps des poissons de ce genre est recouvert d'écailles rhomboïdales et émaillées, et leurs dents sont en fine brosse. Les calcaires carbonifères du groupe houiller renferment une grande quantité de concrétions de formes variables, qu'on regarde comme les excréments des énormes poissons sauroïdes qui vivaient à cette époque, et que l'on a nommés *coprolithes*. Il en est de même de ceux que l'on attribue aux reptiles.

TABLEAUX

DE

LA VÉGÉTATION ET DE L'ANIMALISATION

DE L'ANCIEN MONDE.

OU

DES PÉRIODES QUE LA VÉGÉTATION ET L'ANIMALISATION ONT SUIVIES LORS DE LEUR APPARITION SUCCESSIVE A LA SURFACE DE LA TERRE PENDANT LES TEMPS GÉOLOGIQUES.

DEUXIÈME PÉRIODE.

Cette deuxième Période comprend tous les terrains déposés depuis le nouveau grès rouge jusqu'à la craie blanche inclusivement.

TABLEAU des Périodes que la végétation et l'animalisation ont suivies lors de leur apparition successive à la surface de la terre pendant les temps géologiques.

SECONDE PÉRIODE.

PREMIÈRE ÉPOQUE DE LA SECONDE PÉRIODE (VÉGÉTAUX).

NATURE DES DÉPÔTS.	CLASSES.	FAMILLES.	GENRES.
TERRAINS PÉNÉENS. —			
Groupe inférieur. Nouveau grès rouge (*Rothliegende; Newred-sandstone*).	*Plantes marines cellulaires aphyles.* I. Agames.	Algues.	Fucoïdes. Caulerpites. — 2 genres.
Groupe moyen. Schistes bitumineux et cuivreux (*kupfer schiefer*).	*Plantes terrestres.* II. Cryptogames semi-vasculaires ou æthéogames.	Fougères.	Pecopteris. — Un seul genre.
		Lycopodiacées.	Lycopodites. — Un seul genre.
Groupe supérieur. Calcaire alpin ou magnésien (*Zechstein-Magnesian limestone*).	III. Phanérogames monocotylédons.	Famille incertaine.	Bruckmannia. Zosterites. Asterophillites. — 3 genres.
Groupe sus-supérieur. Grès vosgien ou grès des Vosges.	IV. Gymnospermes.	Conifères.	Cupressites. — Un seul genre.

PREMIÈRE ÉPOQUE DE LA SECONDE PÉRIODE (ANIMAUX).

	CLASSES.	FAMILLES.	GENRES.
ANIMAUX INVERTÉBRÉS.	*Animaux marins.* Zoophytes.	Rayonnés.	Retepora. Gorgonia. Calamopora. — 3 genres; en outre, plusieurs autres indéterminés.
		Radiaires.	Cyathocrinites. Encrinites. Crinoïdes. — Plusieurs genres indéterminés; 3 déterminés.
	Animaux articulés. Annélides.	Tubicoles.	Serpula. — Un seul genre.
	Crustacés.	Trilobites.	Trilobites. — Un seul genre.
	Animaux marins et des eaux douces. Mollusques.	Acéphales testacés ou conchifères.	Productus. — Spirifer. — Axinus. — Terebratula. — Arca. — Cucullæa. — Avicula. — Ostrea. — Astarte. — Modiola. — Mytilus. — Unio. — Pecten. — Plagiostoma. — Venus. — 15 genres.
		Céphalés univalves.	Turbo. Pleurotoma. Melania. Cerithium. — 4 genres.
		Céphalopodes.	Ammonites. — 1 genre.
ANIMAUX VERTÉBRÉS.	*Poissons.* 1er *ordre.* Ganoïdes.	Lépidoïdes.	Palæoniscus vel Palæothryssum. — Girolepis. — Platysomus. — 3 genres.
		Sauroïdes.	Pygopterus. — Acrolepis. — 2 genres.
		Cœlacanthes.	Cœlacanthus. — Un seul genre.
	2e *ordre.* Placoïdes.	Cestraciontes.	Acrodus. — Un seul genre.
			On a également signalé deux genres de poissons de l'ordre des malacoptérygiens abdominaux, ou des ganoïdes de la famille des diptériens, des genres *dipterus* et *osteolepis*, comme appartenant aux schistes bitumineux et cuivreux. Le premier de ces genres comprend déjà cinq espèces. M. Blainville a cité également comme appartenant à ces terrains, les poissons des genres *clupea* et *stromateus*; et Winch, le genre *chætodon*.
	Reptiles.	Sauriens. Lacertiformes.	Protorosaurus ou monitor de la Thuringe. — Thecodontosaurus. — Palæosaurus. — 3 genres.

TABLEAU des Périodes que la végétation et l'animalisation ont suivies lors de leur apparition successive à la surface de la terre pendant les temps géologiques.

SECONDE PÉRIODE.

SECONDE ÉPOQUE DE LA SECONDE PÉRIODE (VÉGÉTAUX).			
NATURE DES DÉPÔTS.	CLASSES.	FAMILLES.	GENRES.
SYSTÈME INFÉRIEUR DES TERRAINS TRIASIQUES. — *Groupe inférieur.* Grès bigarré (*bunter sandstein*).	*Plantes terrestres.*		
	Cryptogames semi-vasculaires ou æthéogames.	Equisétacées.	Equisetum. Calamites. — 2 genres.
		Fougères.	Alethopteris. Anomopteris. Nevropteris. Sphenopteris. Alethopteris. Asplenites. Scolopendrites. Trichomanites. Filicites. Pecopteris. — 10 genres.
	Phanérogames 1° Monocotylédons. .	Liliacées.	Convallarites. — Un seul genre.
		Famille incertaine. . .	Palæoxyris. Echinotachis. Æthophyllum. Poenta. — 4 genres.
	2° Gymnospermes. . .	Conifères.	Woltzia. Cupressites. — 2 genres.

SECONDE ÉPOQUE DE LA SECONDE PÉRIODE (ANIMAUX).			
EMBRANCHEMENTS	CLASSES.	FAMILLES.	GENRES.
ANIMAUX INVERTÉBRÉS.	*Animaux marins.*		
	Zoophytes. . . .	Rayonnés.	Cariophyllia. Pleurodyctum. Gorgonia. Millepora. Flustra. Corallioerinites. — 6 genres.
		Radiaires.	Asterias. Scyphocrinites. Encrinites. Pentacrinites. — 4 genres.
	Articulés.	Crustacés.	Gebia. Galathea. — 2 genres.
	Mollusques. . . .	Acéphales testacés ou conchifères. .	Plagiostoma. — Avicula. — Ostrea. — Mytilus. — Donax. — Gryphæa. — Mya. — Trigonia. — Pecten. — Posidonia. — Myophora. — Pterinea. — Lingula. — Gryphites. — Mytulites. — Pectinites. — 17 genres.
	Animaux marins et des eaux douces.	Céphalés ou univalves.	Natica. — Melania. — Rostellaria. — Strombus. — Turitella. — Buccinum. — 6 genres.
		Céphalopodes. . .	Ammonites. — 1 genre.
ANIMAUX VERTÉBRÉS.	Poissons. 1er *ordre*. Ganoïdes.	Lépidoïdes. . . .	Gyrolepis. — Palæoniscus. — Eurynotus. — 3 genres.
		Pycnodontes. . .	Pycnodus. — Acrodus. — 2 genres.
	2e *ordre*. Placoïdes.	Hybodontes. . . .	Hybodus. — 1 genre.
		Cestraciontes. . .	Acrodus. — Psammodus. — 2 genres.
	Reptiles.	Lacertiformes. . .	Rhynchosaurus.
	Sauriens.	Enaliosauriens. .	Plesiosaurus.
		Labyrinthodontes.	Labyrinthodon vel Mastodonsaurus.

TABLEAU des Périodes que la végétation et l'animalisation ont suivies lors de leur apparition successive à la surface de la terre pendant les temps géologiques.

SECONDE PÉRIODE.

TROISIÈME ÉPOQUE DE LA SECONDE PÉRIODE (VÉGÉTAUX).

NATURE DES DÉPÔTS.	CLASSES.	FAMILLES.	GENRES.
SYSTÈME MOYEN DES TERRAINS TRIASIQUES. — *Groupe moyen.*		*Plantes marines.*	
Calcaire conchylien (muschelkalk).	Cryptogames cellulaires aphyles, ou agames.	Algues.	Fucoïdes.
	Cryptogames semi-vasculaires ou æthéogames.	Fougères. . . .	Nevropteris.
	Phanérogames gymnospermes.	Cycadées.	Mastellia.
M. Dalberti a envisagé le muschelkalk et le keuper comme différents étages de la même formation. M. Omalius d'Halloy a adopté cette opinion, et a nommé l'ensemble de ces deux formations : *Terrains triasiques*. Il y a même réuni le grès bigarré. Cette opinion est confirmée par les fossiles de ces divers étages, et en particulier par les espèces suivantes de poissons : 1° *Placodus impressus* et *gigas* ; 2° Trois espèces de *Gyrolepis* ; 3° *Psammodus*, *elytra*, *angustissimus*, *heteromorphus* et *reticulatus* ; 4° *Acrodus*, *Brauxii* et *Gaillardoti* ; 5° *Hybodus plicatilis*, *obliquus* et *sublævis*.			

TROISIÈME ÉPOQUE DE LA SECONDE PÉRIODE (ANIMAUX).

EMBRANCHEMENTS.	CLASSES.	FAMILLES.	GENRES.
ANIMAUX INVERTÉBRÉS.	*Animaux marins.* Zoophytes.	Rayonnés.	Retepora. — Astrea. — 2 genres.
		Radiaires.	Ophyura. — Cidaris. — Encrinites. — Asterias. — Pentacrinites. — 5 genres.
	Animaux articulés. Annélides.	Cirrhopodes.	Balanus. — 1 genre.
		Tubicoles.	Serpula. — Dentalium. — Spirorbis. — 3 genres.
	Crustacés.	Décapodes.	Palinurus. — Macrourites. — Rhyncolites.
		Famille incertaine.	Conchorhyncus. — 4 genres.
	Mollusques.	Acéphales testacés ou conchifères. . . .	Terebratula. — Delthyris. — Lingula. — Ostrea. — Gryphæa. — Plagiostoma. — Pecten. — Avicula. — Mytilus. — Trigonia. — Cardium. — Arca. — Mya. — Venus. — Mactra. — Cucullæa. — Perna. — Chama. — Mytulites. — Trigonolites. — Myophora. — Myacites. — Buccardites. — Nucula. — Ostracites. — Lyrodon. — Lima. — Monotis. — 28 genres.
		Céphalés ou univalves.	Calyptræa. — Cœpalus. — Trochus. — Turitella. — Buccinum. — Strombus. — Natica. — Turbo. — Stelicites. — Patellites. — Rostellaria. — 11 genres.
		Céphalés multiloculaires ou Céphalopodes.	Nummulites. — Nautilus. — Ammonites. Belemnites. — Rhyncolites. — 5 genres.
ANIMAUX VERTÉBRÉS.	*Poissons.* 1er *ordre.* Ganoïdes.	Lepidoïdes.	Gyrolepis. — Saurichthys. — Amblypterus. — 3 genres.
		Pycnodontes.	Pycnodus. — Placodus. — 2 genres.
	2e *ordre.* Placoïdes.	Cestraciontes. . . .	Straphodus. — Acrodus. — Ceratodus. Psammodus. — Leptacanthus. — Myriacanthus. — 6 genres.
		Hybodontes. . . .	Hybodus. — 1 genre.
	Reptiles. Sauriens.	Crocodiliens.	Steneosaurus vel Metriorhynchus. — 1 genre.
		Lacertiformes. . . .	Protorosaurus. — Conchiosaurus. — Dracosaurus. — Nothosaurus. — 4 genres.
		Enaliosauriens. . . .	Ichthyosaurus. — Plesiosaurus. — 2 genres.
		Labyrinthodontes. .	Labyrinthodon vel Mastodonsaurus. — Cryptosaurus. — 2 genres.

TABLEAU des Périodes que la végétation et l'animalisation ont suivies lors de leur apparition successive à la surface de la terre pendant les temps géologiques.

SECONDE PÉRIODE.

QUATRIÈME ÉPOQUE DE LA SECONDE PÉRIODE (VÉGÉTAUX).			
NATURE DES DÉPÔTS.	**CLASSES.**	**FAMILLES.**	**GENRES.**
SYSTÈME SUPÉRIEUR DES TERRAINS TRIASIQUES. — *Groupe supérieur.*	*Plantes marines.* Agames ou cryptogames cellulaires aphyles.	Algues.	Fucoïdes (Fucus). — Un seul genre. Conferveïdes (Confervoïtes). — Un seul genre.
Keuper.	*Plantes terrestres.*	Equisétacées. . .	Equisetum. — Equisetites. — Calamites. — 3 genres.
	Æthéogames ou cryptogames semi-vasculaires.	Fougères.	Pecopteris. — Tæniopteris. — Alethopteris. — Clathropteris. — Odontopteris. — Filicites. — Acrostiches. — Aspidites. — Cyatheites. — Asterocarpus. — Clemandites. — Caspidoïdes. — Nevropteris. — Silicites. — Lyzingodendron. — 15 genres.
		Lycopodiacées. . .	Lycopedites. — Caspidoïdes.
	Plantes terrestres. Phanérogames monocotylédons. . .	Palmiers.	Palmacites. — Un seul genre.
		Graminées. . . .	Poacites. — Lythoxylon. — 2 genres.
		Famille incertaine	Végétaux reconnus par des feuilles. — Plusieurs genres.
Marnes irisées.	Gymnospermes. .	Cycadées.	Pterophyllum. — Marantoïdea. — 2 genres.
	Dicotylédons. . .	Famille incertaine	On a supposé que des bois dicotylédons avaient végété à cette époque; mais les débris des végétaux rapportés à un ordre aussi compliqué, paraissent avoir des analogies avec des fougères du genre des lepidodendron, plutôt qu'avec toute autre plante.

QUATRIÈME ÉPOQUE DE LA SECONDE PÉRIODE (ANIMAUX).			
EMBRANCHEMENTS.	**CLASSES.**	**FAMILLES.**	**GENRES.**
ANIMAUX INVERTÉBRÉS.	*Animaux marins.* Zoophytes.	Radiaires.	Ophiura. — Un seul genre.
	Articulés.	Annélides.	Dentalium. — Un seul genre.
	Mollusques. . . .	Mollusques acéphales ou conchifères.	Plagiostoma. — Cardium. — Trigonia. — Avicula. — Mya. — Perna. — Posidonia. — Modiola. — Venericardia. — Lingula. — Saxicava. — Mytilus. — Nucula. — Myacites. — Myophora. — Pinna. — Lucina. — Pecten. — 18 genres.
		Céphalés ou univalves.	Natica. — Rostellaria. — Trochus. — Buccinum. — 4 genres.
		Céphalopodes ou multiloculaires. .	Ammonites. — 1 genre.
ANIMAUX VERTÉBRÉS.	Poissons. 1er *ordre*. Ganoïdes.	Lepidoïdes. . . .	Gyrolepis. — Palæoniscus. — 2 genres.
		Pycnodontes. . .	Pycnodus. — 1 genre.
	2e *ordre*. Placoïdes.	Cestraciontes. . .	Acrodus. — Ceratodus. — Psammodus. — 3 genres.
		Hybodontes. . . .	Hybodus. — 1 genre.
			Il paraît que l'on découvre dans le keuper des dents de squale, surtout dans les couches inférieures.
	Reptiles. Sauriens.	Crocodiliens. . . .	Phytosaurus.
		Dinosauriens. . .	Hylæosaurus.
		Lacertiformes. . .	Palæosaurus. — Raphalodon.
		Enaliosauriens. . .	Ichthyosaurus. — Plesiosaurus.
		Labyrinthodontes.	Labyrinthodon vel Mastodonsaurus, vel Cheirotherium.

TABLEAU des Périodes que la végétation et l'animalisation ont suivies lors de leur apparition successive à la surface de la terre pendant les temps géologiques.

SECONDE PÉRIODE.

CINQUIÈME ÉPOQUE DE LA SECONDE PÉRIODE (VÉGÉTAUX).			
NATURE DES DÉPOTS.	CLASSES.	FAMILLES.	GENRES.
TERRAINS JURASSIQUES, OU GROUPE OOLITHIQUE DANS LEQUEL SE TROUVE COMPRIS LE LIAS, DIVISÉS EN CINQ ÉTAGES OU SYSTÈMES.	Cryptogames cellulaires aphylles ou agames.	*Plantes marines.*	
		Algues.	Fucoïdes. — Un seul genre.
		Plantes terrestres.	
		Equisetacées.	Equisetum. — Un seul genre.
Premier système ou inférieur. Lias.	Cryptogames semi-vascullaires ou æthéogames.	Fougères.	Tæniopteris. — Sphænopteris. — Cycopteris. — Pachypteris. — Pecopteris. — Glossopteris. — Phlebopteris. — Sphenopteris. — Clathropteris. — Glossopteris. — Lonchopteris. — Nevropteris. — Odontopteris. — Pachypteris. — Aethopteris. — Aspidites. — Cheilanthites. — Cyatheites. — Hymenophyllites. — Hemiteles. — Polypodites. — Filicites. — Adiantides. — 23 genres.
		Lycopodiacées.	Lycopodites. — Un seul genre.
Second système ou système oolithique, divisé en quatre étages.	Phanérogames :		
1° Groupe inférieur. — Grande oolithe.	1° Monocotylédons.	Liliacées.	Bucklandia. — Culmaria. — 2 genres.
		Cannées.	Marantoïdea. — Un seul genre.
2° Groupe moyen. — Étage oxfordien.		Famille incertaine.	Palaeoxylon. — Un seul genre.
3° Groupe supérieur. — Étage corallien.	2° Gymnospermes.	Cycadées.	Nilsonia. — Mantellia. — Pterophyllum. — Zamites. — Zamia. 5 genres.
		Conifères.	Thuytes. — Taxites. — Pinus. — 3 genres.
4° Groupe sus-supérieur. — Étage portlandien.	Classe incertaine.	Famille incertaine.	Mammillaria. — Un seul genre.
			Il existe une foule d'autres genres des terrains jurassiques, qui ne sont pas déterminés.

TABLEAU des Périodes que la végétation et l'animalisation ont suivies lors de leur apparition successive à la surface de la terre pendant les temps géologiques.

SECONDE PÉRIODE.

CINQUIÈME ÉPOQUE DE LA SECONDE PÉRIODE (SUITE).

[illegible]	EMBRANCHEMENTS.	CLASSES.	FAMILLES.	GENRES.
[illegible]	ANIMAUX INVERTÉBRÉS.	Monadés	[illegible]	Monas.
		Zoophytes	Polypiers	[illegible] Manon, [illegible] Spongia, Alcyonium, [illegible] Nullipora, [illegible] Astrea, [illegible] — Et plusieurs autres indéterminés.
			Radiaires	Cidaris, Echinus, Galerites, Clypeaster, Nucleolites, Ananchites, Spatangus, [illegible] Pentacrinites, [illegible] Comatula, Ophiura, Asterias, Crinites. — [illegible] dans ces terrains un assez grand nombre de genres qui [illegible] indéterminés, soit de [illegible] des radiaires.
		Articulés. Annélides	*Animaux marins.* Tubicoles	Lumbricaria. Serpula.
		Insectes	*Terrestres.* Coléoptères	[illegible] Cerambix, Chrysomela, Buprestis. — Plusieurs genres indéterminés.
			Orthoptères	Locusta, Gryllus.
			Névroptères	Aeshna, Libellula, [illegible] Myrmeleon.
			Lépidoptères	Sphynx.
			Hyménoptères	[illegible] Ichneumon, [illegible] Sirex, [illegible]
			Hémiptères	Nepa, Ranatra.
			Diptères	[illegible] — Et plusieurs autres genres.
		Arachnides	Aranéides	Aranea, deux espèces, Salpuga.
		Crustacés	*Marins.* Décapodes	Palinurus, Eryon, Scyllarus, Palemon, [illegible] — Autres genres indéterminés.
		Mollusques	Acéphales testacés ou conchifères	[illegible] Ostrea [illegible] Cyprinella, Chama.
			Céphalés ou univalves	[illegible] Nerita, Natica, Turritella, Trochus [illegible] Cerithium, [illegible] Terebra, Buccinum, Conus.
			Céphalopodes ou multiloculaires	Bélemnites, [illegible] Nautilus, Ammonites, [illegible] Scaphites, Turrilites. [illegible] Loligo, Sepia, Rhyncholites. [illegible]
	ANIMAUX VERTÉBRÉS.	*Poissons.* Ganoïdes	Lépidoïdes	Tetragonolepis, [illegible] Lepidotus, [illegible] Pholidophorus, [illegible] Propterus, [illegible]
			Sauroïdes	Megalurus, [illegible] Thrissops, [illegible] Pachycormus, [illegible] Sauropsis, [illegible] Ptycholepis, Saurostomus.
			[illegible]	Undina, Coccolepis, [illegible]
			Pycnodontes	Pycnodus, Gyrodus, [illegible] Microdon, Sphaerodus, [illegible]
			Chimérides	[illegible] Psittacodon.
			[illegible]	[illegible] Oxyrhina, [illegible]
		Placoïdes	Hybodontes	Hybodus.
			Cestraciontes	Strophodus, Acrodus, Cochliodus, Ceratodus.
			Ichthyodorulithes	Leptacanthus, Asteracanthus, [illegible]
		Reptiles. Chéloniens	Proïdes	Squalorajа, Asterodermus, Cyclarthrus, [illegible]
			Tortues paludines	Emys, Idiochelys, Eurysternum, [illegible]
			Tortues fluviales	Trionyx.
			Tortues marines	Chelonia.
		Sauriens	Crocodiliens	Teleosaurus, [illegible] Steneosaurus, [illegible] Streptospondylus.
			[illegible]	Megalosaurus.
			[illegible]	Geosaurus.
			Enaliosauriens	Ichthyosaurus, Plesiosaurus, Pliosaurus, [illegible] d'Ichthyosaures.
			Pterodactyliens	Pterodactylus.
			Labyrinthodons	Labyrinthodon vel Mastodonsaurus.
				On a cité un grand nombre d'autres genres de reptiles comme appartenant aux [illegible] genres que nous venons d'indiquer.
				On a prétendu [illegible] dans [illegible] des terrains jurassiques de Solenhofen, divers débris d'oiseaux, particulièrement une tête que l'on a rapprochée du [illegible] mais les faits sur lesquels reposent ces observations sont encore beaucoup trop douteux pour être admis.
				On a également [illegible] observé plusieurs fragments osseux à [illegible] en Angleterre, qui paraissent se rapprocher des oiseaux; ces faits sont loin d'être démontrés; aussi il est difficile d'y ajouter une confiance complète. Nous avons déjà donné les faits relatifs à l'existence des mammifères dans les terrains de [illegible] ainsi que celle des [illegible] et des [illegible] dans les terrains secondaires du Jura [illegible] pas. Nous ferons seulement observer qu'il ne nous paraît pas suffisamment démontré que [illegible] dans les terrains [illegible] de Pappenheim. Du reste, nous ne pouvions les comprendre dans ces Tableaux, ou nous n'avons placé que les espèces sur la position desquelles il existe assez de [illegible] au moins provisoirement, parmi les débris organiques des terrains jurassiques.
		Mammifères. Mammifères terrestres	Marsupiaux	Thylacotherium, Phascolotherium.

TABLEAU des Périodes que la végétation et l'animalisation ont suivies lors de leur apparition successive à la surface de la terre pendant les temps géologiques.

SECONDE PÉRIODE.

SIXIÈME ÉPOQUE DE LA SECONDE PÉRIODE (VÉGÉTAUX).

NATURE des dépôts.	CLASSES.	FAMILLES.	GENRES.
TERRAINS CRÉTACÉS INFÉRIEURS. — Ces terrains sont composés de 2 groupes considérés comme parallèles : 1° Groupe néocomien ; 2° Groupe wealdien.		*Plantes terrestres.*	
	Végétaux cryptogames semi-vasculaires, ou æthéogames.	1° Equisétacées. . .	Calamites.
		2° Fougères. . . .	Sphænopteris. Pecopteris.
		3° Lycopodiacées.	Lycopodites.
	Végétaux phanerogames :		
	1° Monocotyledons	Liliacées	Clathraria
	2° Gymnospermes. .	Cycadées.	Mantellia

SIXIÈME ÉPOQUE DE LA SECONDE PÉRIODE (ANIMAUX).

NATURE des dépôts.	EMBRANCHEMENTS.	CLASSES.	FAMILLES.	GENRES.
Terrains crétacés inférieurs, ou Terrains wealdiens.	ANIMAUX INVERTÉBRÉS.	Annélides.	Tubicoles.	Serpula.
		Crustacés. . . .	Branchiopodes. . . .	Cypris.
		Mollusques . .	Acéphales testacés ou conchifères.	Ostrea. Cardium. Venus. Pinna. Cyclas. Unio. Anodonta. Lutraria.
			Céphalés ou univalves.	Melania. Paludina. Potamides? Nerita.
			Cephalopodes ou multiloculaires.	Ammonites. Belemnites.
	ANIMAUX VERTÉBRÉS.	I. *Poissons des terrains wealdiens.*		
		Ganoïdes.	Pycnodontes . .	Pycnodus.
		Placoïdes.	Hybodontes.	Sphenonchus.
			Cestraciontes . .	Acrodus
		I. *Reptiles des terrains wealdiens.*		
		Chéloniens. . .	Tortues paludines. .	Emys.
			Tortues marines. . .	Chelonia.
		Sauriens. .	Crocodiliens. . . .	Suchosaurus. Goniopholis. Streptospondylus. Cetiosaurus.
			Dinosauriens. . .	Megalosaurus. Hylæosaurus. Iguanodon.
			Enaliosauriens . .	Plesiosaurus.
			Pterodactyliens. . .	Pterodactylus.
		II. *Poissons des terrains néocomiens*		
		Ctenoïdes. . . .	Percoïdes.	Acanus. Podocys.
			Aulostomes . . .	Fistularia.
		Cycloïdes.	Scombéroïdes	Anenchelum. Nemopteryx. Xiphopterus. Gasteronemus. Isurus. Palæorhynchum.
			Halécoïdes. . . .	Osmerus. Clupea.
		Ganoïdes.	Pycnodontes. . .	Pycnodus. Sphærodus.
			Sclérodermes . . .	Acanthoderma. Acanthopleurus
		II. *Reptiles des terrains néocomiens*		
		Sauriens.	. . . .	Iguanodon. Plesiosaurus.
		Chéloniens. . . .	. . . .	Testudo. Chelonia.

M. Hermann de Meyer a décrit [illegible]

TABLEAU des Périodes que la végétation et l'animalisation ont suivies lors de leur apparition successive à la surface de la terre pendant les temps géologiques.

SECONDE PÉRIODE.

7e ÉPOQUE DE LA SECONDE PÉRIODE (VÉGÉTAUX).

NATURE DES DÉPÔTS.	CLASSES.	FAMILLES.	GENRES.
Terrains crétacés proprement dits, divisés en deux groupes. Le groupe inférieur se distingue en deux étages : 1º Étage inférieur, grès verts inférieurs (*grüner sandstein* et partie du *quader sandstein*), ou glauconie sableuse. 2º Étage supérieur, grès verts supérieurs (*upper green sand*), glauconie crayeuse ou craie chloritée. — *Groupe supérieur.* Marnes crayeuses ou craie tuffeau (*chalk marl*).	I. Végétaux cellulaires aphylles ou agames.	*Plantes marines.* 1re famille. Algues.	Fucoïdes, 1 genre.
		2e famille. Conferves.	Confervites, 1 genre.
	II. Végétaux cryptogames semi-vasculaires, ou Éthéogames.	*Plantes terrestres.* 1re famille. Fougères.	Lonchopteris. Pecopteris. Cheilanthites. Polypodites. Sphenopteris. 5 genres.
		2e famille. Lycopodiacées.	Lycopodites. 1 genre.
	III. Végétaux phanérogames. I. Monocotylédons.	Famille unique. Naïades.	Zosterites. 1 genre.
	II. Gymnospermes.	1re famille. Cycadées.	Cycadites, 1 genre.
		2e famille. Conifères.	Cupressites, 1 genre. Genres indéterminés.
	III. Dicotylédons.	3e famille incertaine.	Genres indéterminés, connus par des bois fossiles.

SEPTIÈME ÉPOQUE DE LA SECONDE PÉRIODE (ANIMAUX).

NATURE DES DÉPÔTS.	EMBRANCHEMENT.	CLASSES.	FAMILLES.	GENRES.
Groupe sup[illegible] de terrains crétacés comprenant la glauconie sableuse et crayeuse, la craie tuffeau et la craie blanche.	ANIMAUX INVERTÉBRÉS.	I. Monades ou infusoires.	Famille incertaine.	Gallionella. Fragilaria. Synedra. Navicula. Eunotia. Dytiocha. Coscinodiscus. Actynocylus. — Plusieurs autres genres non déterminés.
		II. Zoophytes.	I. Rayonnés.	Achilleum. Manon. Scyphia. Spongia. Spongus. Tragos. Alcyonium. Choanites. Siphonia. Ventriculites. Halirhoa. Perna. Gorgonia. Nullipora. Millepora. Eschara. Cellepora. Retepora. Flustra. Cœloptychium. Ceriopora. Lunulites. Orbitolites. Caryophyllia. Turbinolia. Fungia. Chenendopora. Hippalimus. Diplectenium. Astrea. Meandrina. Pagrus. Lithodendron. Anthophyllum. Madrepora. Glauconome. 56 genres.
			II. Radiaires.	Encrinites. Apiocrinites. Pentacrinites. Galerites. Marsupites. Glenotremites. Asterias. Cypris. Echinus. Clypeus. Clypeaster. Echinoneus. Nucleolites. Ananchites. Spatangus. Cidarites. Pentacoras. Pentagonaster. Scutella. Alveolites. 20 genres.
		III. Animaux articulés. 1er Ordre. I. Annélides.	I. Tubicoles.	Vermilia. Serpula. 2 genres
		2e Ordre. Crustacés.	I. Branchiopodes.	Cypris. 1 seul genre.
			II. Décapodes.	Astacus. Pagurus. Scylarus. Arcania. Etyæa. Eryon. Coryster. Cancer. Anthophylum. 9 genres.
			III. Brachyures.	Plusieurs genres indéterminés.
			I. Cirrhopodes.	Pollicipes. 1 genre.
		II. Mollusques	II. Acéphales testacés ou conchifères.	Magilus. Thecidea. Crania. Terebratula. Orbicula. Modiola. Pachymia. Chama. Trigonia. Nucula. Pectunculus. Cucullæa. Arca. Cardita. Cardium. Venericardia. Astarte. Thetis. Venus. Lucina. Tellina. Corbula. Crassatella. Lutraria. Panopæa. Teredo. Mya. Pholas. Teredina. Fistulana. Ostrea. Hinnites. Exogira. Gryphæa. Sphæra. Podopsis. Spondylus. Plicatula. Pecten. Lima. Plagiostoma. Avicula. Meleagrina. Inoceramus. Pinna. Mytiloides. Gervilea. Crenatula. Mytilus. Hippurites. Sphærulites. Volsella. Lyrodon. Isocardia. Ichthyosarcolithes. Cyprina. Etheria. Cypricardia. Aviculina. Catilus. Caprina. 62 genres.
			III. Céphalés ou univalves. — Mollusques marins des eaux douces et des terres sèches.	Dentalium. Emarginula. Patella. Pileopsis. Auricula. Melania. Paludina. Ampullaria. Nerita. Natica. Helix. Vermetus. Sigaretus. Delphinula. Solarium. Cirrus. Pleurotomaria. Trochus. Turbo. Turritella. Cerithium. Pyrula. Fusus. Murex. Pterocera. Rostellaria. Strombus. Cassis. Dolium. Eburna. Voluta. Nisea. Monodonta. Nerinea. Scalaria. Bulla. Cypræa. 57 genres.
			IV. Céphalopodes ou Multiloculaires.	Nummulites. Lenticulites. Lituolites. Miliolites. Nodosaria. Belemnites. Actinocamax. Nautilus. Scaphites. Ammonites. Turrilites. Baculites. Hamites. Planularia. Textularia. Rotalia. Alveolina. Planulina. 18 genres.

On [illegible]
ta [illegible]

I. [illegible]

II. [illegible]
de [illegible]

TABLEAU des Périodes que la végétation et l'animalisation ont suivies lors de leur apparition successive à la surface de la terre pendant les temps géologiques.

SECONDE PÉRIODE.

SEPTIÈME ÉPOQUE DE LA SECONDE PÉRIODE (ANIMAUX).

NATURE DES DÉPÔTS.	EMBRANCHEMENT.	CLASSES.	FAMILLES.	GENRES.
Terrains crétacés proprement dits, divisés en deux groupes. Le groupe inférieur se distingue en deux étages : 1º Etage inférieur, grès verts inférieurs (*grüner sandstein*, et partie du *quader sandstein*), ou glauconie crayeuse ou craie chloritée ; 2º Etage supérieur, grès verts (*upper green sand*), glauconie crayeuse ou craie chloritée. *Groupe supérieur.* La glauconie crayeuse, les marnes crayeuses ou craie tuffeau (*chalk marl*), et la craie blanche. On a aussi divisé les terrains crétacés en deux étages. I. L'inférieur a été nommé étage *albien*. Il comprend le terrain du grès vert, le gault et la glauconie sableuse. II. Le supérieur a été divisé en deux terrains : 1º Terrain *turonien* ; il comprend la craie chloritée, la glauconie crayeuse, la craie tuffeau et quelques grès verts supérieurs, etc. ; 2º Terrain *sénonien* ; il embrasse la craie blanche et probablement le calcaire à nummulites.	II. ANIMAUX VERTÉBRÉS.	*Poissons.* I. Cténoïdes.	1º Percoïdes.	Apogon. Lates. Cyclopoma. Enoplosus. Smerdis. Serranus. Pelates. Dules. Holocentrum. Myripristis. Beryx. Holopteryx. Sphenocephalus. Acrogaster. Podocys. Pristigenis.
			2º Sparoïdes.	Dentex. Pagellus. Sparnodus
			3º Sciénoïdes.	Pristipoma. Odonteus.
			4º Cottoïdes.	Pterygocephalus. Callipteryx
			5º Gobioïdes.	Gobius.
			6º Theuties.	Acanthurus. Naseus.
			7º Squammipennes.	Ephippus. Platax. Zanclus. Semiophorus. Pygæus. Pomacanthus. Toxotes.
			8º Pleuronectes.	Rhombus.
			9º Aulostomes.	Fistularia. Aulostoma. Urosphen. Ramphosus. Amphisile.
			10º Mugiloïdes.	Mugil.
		II. Cycloïdes.	1º Scombéroïdes.	Thynnus. Orcynus. Cybium. Ductor. Enchodus. Lichia. Trachynotus. Carangopsis. Palimphyes. Zeus. Acanthonemus.
			2º Xiphoïdes.	Tetrapturus.
			3º Sphyrénoïdes.	Sphyræna. Hypsodon. Saurocephalus. Saurodon. Cladocyclus. Rhamphognathus. Mesogaster.
			4º Blennioïdes.	Spinacanthus.
			5º Lophioïdes.	Lophius.
			6º Labroïdes.	Labrus. Atherina.
			7º Esocides.	Holosteus. Isteus.
			8º Halécoïdes.	Osmerus. Osmeroïdes. Acrognathus. Aulolepis. Clupea. Engraulis. Halec. Platinx.
			9º Anguilliformes.	Anguilla. Enchelyopus. Ophisurus. Sphagebranchus. Leptocephalus.
		III. Ganoïdes.	4º Lépidoïdes.	Lepidotus.
			2º Sauroïdes.	Aspidorynchus. Belonostomus. Caturus.
			3º Pycnodontes.	Pycnodus. Sphærodus. Gyrolus.
			4º Sclérodermes.	Acanthoderma. Blochius. Dercetis. Rhinellus. Ostracion.
			5º Gymnodontes.	Diodon.
			6º Lophobranches.	Syngnathus. Calamostoma.
		IV. Placoïdes.	1º Chimérides.	Ischyodon. Psittacodon.
			2º Squalides.	Sphyrna. Corax. Galeocerdo. Otodus. Oxyrhina. Lamna. Scylliodus. Notidanus. Thyellina.
			3º Hybodontes.	Hybodus.
			4º Cestraciontes.	Strophodus. Acrodus. Ptychodus.
			5º Pristides.	Trygon. Narcopterus. Torpedo.
		Reptiles.	Chéloniens.	Chelonia. Cimochelis.
			Sauriens lacertiformes.	Mosasaurus. Leiodon. Raphiosaurus.
		Oiseaux.	Passereaux.	Un passereau indéterminé, de la taille d'une alouette. M. Herman de Meyer a assuré avoir reçu de M. Escher, de Zurich, des os encore empâtés dans les schistes de Glaris, célèbres par les poissons fossiles et les tortues (*chelonia*) qu'ils recèlent. Le squelette qui a été rapporté aux passereaux offrait très-distinctement l'aile et le pied. Il paraissait avoir appartenu, non à un oiseau nageur, mais à une espèce de l'ordre des passereaux et de la taille d'une alouette. M. Agassiz a admis également l'existence des oiseaux lors du dépôt des schistes de Glaris, qui ont appartenu aux formations néocomiennes.

TABLEAUX

DE

LA VÉGÉTATION ET DE L'ANIMALISATION

DE L'ANCIEN MONDE,

OU

DES PÉRIODES QUE LA VÉGÉTATION ET L'ANIMALISATION ONT SUIVIES LORS DE LEUR APPARITION SUCCESSIVE A LA SURFACE DE LA TERRE PENDANT LES TEMPS GÉOLOGIQUES.

TROISIÈME PÉRIODE.

CETTE TROISIÈME PÉRIODE COMPREND L'ENSEMBLE DES TERRAINS TERTIAIRES ET QUATERNAIRES.

TABLEAU des Périodes que la végétation et l'animalisation ont suivies lors de leur apparition successive à la surface de la terre pendant les temps géologiques.

TROISIÈME PÉRIODE.

PREMIÈRE ÉPOQUE DE LA TROISIÈME PÉRIODE (VÉGÉTAUX).			
NATURE des dépôts.	CLASSES.	FAMILLES.	GENRES.
TERRAINS TERTIAIRES DE L'ÉTAGE INFÉRIEUR. — Terrains marno-charbonneux, composés de l'argile plastique, de psammites molasses et de lignites des bassins tertiaires immergés. Etage inférieur des terrains nommés *éocène* par les géologues anglais.	Cryptogames semi-vasculaires ou æthéogames.	Fougères. . . .	Genres indéterminés et en très-petit nombre.
	Phanérogames : 1° Monocotylédons.	Naïades.	Potamophyllites. — Un seul genre.
		Palmiers. . . .	Palmacites. — Flabellaria. — Phœnicites. — Cocos. — 4 genres.
		Famille incertaine.	Endogenites. — Pandanocarpum. — Anonacarpum. — 3 genres.
	2° Gymnospermes.	Conifères. . . .	Pinus. — Juniperites. — Thuya. — Taxites. — Abies. — Laryx. — 5 genres.
	3° Dicotylédons.	Amentacées. . .	Comptonia. — Salix. — Populus. — Castanea. — Ulmus. — Alnus. — 6 genres.
		Juglandées. . .	Juglans. - Un seul genre.
		Acérinées. . . .	Acer. — Un seul genre.
		Famille incertaine.	Exogenites. — Phyllites. — Carpolithes. — Plusieurs autres genres indéterminés.

PREMIÈRE ÉPOQUE DE LA TROISIÈME PÉRIODE (ANIMAUX).				
NATURE des dépôts.	EMBRANCHEMENTS.	CLASSES.	FAMILLES.	GENRES.
Formation marno-charbonneuse, composée de l'argile de Londres, de psammites molasses et de lignites des bassins tertiaires immergés.	ANIMAUX INVERTÉBRÉS	*Animaux articulés.* Insectes. . . .	Aptères.	Scolopendra. Acarus. Julus. Trombidium. Phalangium. 5 genres.
			Coléoptères. . . .	Carabus. Buprestis. Elater. Platypus. Apate. Lyctus. Phalacrus. Silpha. Circulio. Ips. Atractocerus. Hylesinus. Chrysomela. Bostrichus. Platipus. Dromius. Lebina. Crioceris. Gallerura. Altica. Thilacites. Philobius. Sternopes. Anobium. Cantharis. Opatrum. Polydrusus. Mordella. Doritonus. Obrium.
			Orthoptères. . . .	Mantis. Gryllus. Blatta. Forficula.
			Hémiptères. . . .	Cimex. Pentatoma. Cercopis. Flata. Jassus. Cimax.
			Névroptères. . . .	Ephemera. Termes. Phryganea. Perla. Semblis. Hemerobius. Myrmeleon. Libellula.
			Hyménoptères. . .	Ichneumon. Cynips. Diplolepis. Formica. Evania. Pepsis. Trigona. Mirmica. Bassus.
			Lépidoptères. . . .	Genres incertains.
			Diptères.	Tipula. Bibio. Empis. Sapromyxa. Idia. Ceridonia. Musca. Chrysotus. Bombylius. Dolichopus. Meretera. Porphyrops. Rhamphium. Tachydromus. Leptis. Anthomys. Scatophaga. Boletophila. Cecitomys. Ceratopaga. Chironomus. Lasioptera. Leja. Psychoda. Scatops. Sciaria. Tanypus. Anthrax. Tabanus.
			Dictoptères.	Machilis. Psocus.
		Arachnides. .	Scorpions.	Scorpio.
			Araignées.	Aranea.
		Crustacés. . .	Crustacés marins de l'ordre des décapodes.	Cancer. Inachus. — Plusieurs genres indéterminés.
		Mollusques. .	Animaux marins ou des eaux douces. I. Acéphales testacés ou conchifères.	Clavagella. Fistulana. Gastrochena. Cardita. Cardium. Venericardia. Isocardia. Arca. Pholadomia. Pectunculus. Nucula. Solen. Panopea. Mya. Lutraria. Crassatella. Corbula. Avicula. Pecten. Sanguinolaria. Tellina. Ostrea. Lucina. Astarte. Cytherea. Venus. Lingula. Cyrena. Cyclas. Anodonta. Chama. Axinus. Pinna.
			Animaux marins des eaux douces et des terres sèches. II. Céphalés ou univalves.	Patella. Calyptrœa. Infundibulum. Bulla. Auricula. Melania. Paludina. Ampullaria. Neritina. Nerita. Natica. Sigaretus. Acteon. Scalaria. Solarium. Pleurotoma. Trochus. Turitella. Cerithium. Cancellaria. Fusus. Pyrula. Murex. Rostellaria. Cassis. Harpa. Buccinum. Terebellum. Volvaria. Mitra. Voluta. Cyprœa. Ancillaria. Oliva. Conus. Planorbis. Helix. Costellaria.
			III. Céphalopodes ou multiloculaires.	Nummulites. Nautilus.
	ANIMAUX VERTÉBRÉS.	*Poissons.* Cycloïdes. . .	1° Xiphoïdes. . .	Tetrapturus. Colorynchus.
			2° Sphyrenoïdes. .	Sphyrenodus. Hypsodon.
			3° Cyprinoïdes. . .	Cyclurus. Lemiscus. Aspius.
			4° Halécoïdes. . .	Megalops.
		Ganoïdes. . .	1° Pycnodontes. .	Pycnodus. Periodus. Gyrodus. Phylladus.
			2° Sclerodermes. .	Glytocephalus.
			3° Accipensoïdes.	Accipenser.
		Placoïdes. . .	1° Chimérides. . .	Elasmodus. Psalodius.
			2° Pristides. . . .	Pristis. Myliobates. Actobatis.
		Reptiles. . . .	Chéloniens. . . .	Testudo. Emys. Trionyx. Chelonia. Cimochelis.
			Sauriens crocodiliens.	Crocodilus. — Un genre indéterminé de la taille d'un iguane.
			Ophidiens.	Paleophis.
			Batraciens. . . .	Rana. Salamandra.
		Oiseaux. . . .	Rapaces.	Genres indéterminés.
		Mammifères terrestres.	Pachydermes. . .	Lophiodon. Anthracotherium. Hypotherium vel Hipparion.
			Marsupiaux. . .	Genres indéterminés.
			Carnassiers. . .	1° Digitigrades. — Un genre indéterminé. 2° Plantigrades. — Genres indéterminés. 3° Cheiroptères. Vespertilio.
			Quadrumanes. . .	Macacus.

TABLEAU des Périodes que la végétation et l'animalisation ont suivies lors de leur apparition successive à la surface de la terre pendant les temps géologiques.

TROISIÈME PÉRIODE.

SECONDE ÉPOQUE DE LA 3e PÉRIODE (VÉGÉTAUX).

DÉPÔTS.	CLASSES.	FAMILLES.	GENRES.
Terrains tertiaires marins inférieurs, ou calcaire grossier des bassins immergés. (Étage supérieur des terrains nommés éocène par les géologues anglais.)	Cellulaires aphyles ou agames.	*Plantes marines.*	
		Conferves. . . .	Confervites. — 1 genre.
		Algues.	Fucoïdes. — 1 genre.
	Cryptogames semi-vasculaires ou æthéogames.	*Plantes terrestres.*	
		Equisétacées.	Equisetum. — 1 genre.
		Fougères. . . .	Tæniopteris ou Nevropteris. — 2 genres.
	Phanérogames :	*Plantes marines.*	
		Naïades.	Caulinites. Zosterites. — 2 genres.
	1° Monocotylédons.	*Plantes terrestres.*	
		Palmiers. . . .	Flabellaria. — 1 genre.
	2° Gymnospermes.	Famille incertaine.	Antholithes. Culmites. — 2 genres.
	3° Dicotylédons	Conifères. . . .	Pinus. — 1 genre.
		Famille incertaine.	Exogenites. Phyllites. Antholithes. Carpolithes. — 4 genres.

SECONDE ÉPOQUE DE LA 3e PÉRIODE (ANIMAUX).

EMBRANCHEMENTS.	CLASSES.	FAMILLES.	GENRES.
ANIMAUX INVERTÉBRÉS	Monadés. . . .	Infusoires. . . .	Guillonella. — Plusieurs autres genres indéterminés.
	Zoophytes. . .	*Animaux marins.*	
		Rayonnés . . .	Flustra. Orbulites. Dactylopora. Polytripes. Eschara. Ovulites. Lunulites. Alveolites. Favosites. Caryophyllia. Turbinolia. Astrea. Ivea. Lithodendron. Enthophyllum. Meandrina. 16 genres.
		Radiaires. . . .	Echinus. Scutella. Clypeaster. Cassidulus. Nucleolites. Galerites. Spatangus. Asterias. Echinoneus. 8 genres.
	Animaux articulés.		
	1° Annélides. .	Tubicoles. . . .	Serpula. Spirorbis. Siliquaria. 3 genres.
	2° Arachnides.	Pycnogonides. .	Pycnogonum. — Un seul genre.
	3° Crustacés. .	Décapodes. . .	Atelecyclus. Leucosia. Palinurus. Inachus. Palemon. 5 genres.
		Isopodes. . . .	Sphæroma. — Un seul genre.
	Mollusques. . .	Acéphales testacés ou conchifères.	Les mollusques de ces trois familles sont représentés par plus de 1,300 espèces dans cette formation. Ces espèces se rapportent à un trop grand nombre de genres pour pouvoir être mentionnées dans ce tableau; ce nombre indique, à lui seul, que ces animaux étaient aussi abondants que compliqués à cette époque.
		Céphalés univalves ou multiloculaires.	

Parmi les formations qui appartiennent à la période tertiaire, il en est deux caractérisés par un nombre infini de mollusques, soit acéphales, soit céphalés. On y voit peu de genres multiloculaires ; ces derniers ont pris leur plus grand développement aux époques antérieures, surtout pendant la période secondaire. Le calcaire grossier, le plus ancien des bancs pierreux tertiaires, en recèle peut-être plus encore que le calcaire moellon ou méditerranéen. Ce n'est pas cependant dans les couches calcaires que l'on découvre la plus grande quantité de coquilles fossiles, mais bien dans les sables ou les marnes qui les accompagnent. C'est, du reste, presque uniquement au milieu de ces derniers bancs que les coquilles offrent encore leur têt et leurs principaux caractères spécifiques ; aussi leur détermination est plus facile que celles que recèlent les assises pierreuses. Du reste, la plupart des mollusques de cette époque appartiennent à des espèces littorales ; peu sont analogues à celles qui vivent maintenant au large ou dans la haute mer.

SECONDE ÉPOQUE DE LA 3e PÉRIODE (ANIMAUX).

DÉPÔTS.	EMBRANCHEMENTS.	CLASSES.	FAMILLES.	GENRES.
Formation marine inférieure, ou calcaire grossier des bassins immergés. Terrains Eocènes des géologues anglais, étage supérieur.	ANIMAUX VERTÉBRÉS.	*Poissons.*		
		Cténoïdes. . .	Percoïdes. . . .	Labrax.
			Sparoïdes. . . .	Dentex.
			Squammipèdes. .	Macrostoma. Holacanthus.
		Cycloïdes. . .	Scombéroïdes. .	Hemyrinchus.
		Ganoïdes. . .	Lépidoïdes. . .	Lepidotus.
			Gymnodontes. .	Diodon.
		Placoïdes. . .	Squalides. . . .	Charcarodon. Corax. Otodus. Oxyrhina. Myliobates. Aetobatis. Zygobates.
		Reptiles. . .	Sauriens. . . .	Crocodilus — Un seul genre.
		Oiseaux. . . .	Famille incert.	Genre incertain.
		Mammifères. 1° Marins. . .	A. Herbivores. .	Manatus. Megasytherium. 2 genres.
			B. Ordinaires. .	Delphinus. Ziphius. Balæna. 3 genres.
			C. Amphibies. .	Phoca. — Un seul genre.
		2° Terrestres.	Pachydermes. .	Palæotherium. Anoplotherium. Lophiodon. 3 genres.

TABLEAU des Périodes que la végétation et l'animalisation ont suivies lors de leur apparition successive à la surface de la terre pendant les temps géologiques.

TROISIÈME PÉRIODE. — BASSINS IMMERGÉS.

TROISIÈME ÉPOQUE DE LA TROISIÈME PÉRIODE (VÉGÉTAUX).

NATURE DES DÉPOTS.	CLASSES.	FAMILLES.	GENRES.
Terrains d'eau douce moyens (miocènes) des bassins intérieurs. — Tous ces végétaux se trouvent dans les terrains d'eau douce moyens ou terrains d'eau douce gypseux. Ces formations ont été désignées par les géologues anglais sous le nom de miocène. Elles appartiennent aux bassins intérieurs.	Cryptogames cellulaires aphylles ou agames	Algues	Oscillatoria. — Un seul genre.
	Cryptogames cellulaires foliacés ou amphigames	Mousses	Bryum ? — Du moins un genre qui en était fort rapproché.
	Cryptogames semi-vasculaires ou æthéogames	Equisétacées	Equisetum ? — Plusieurs espèces. Un seul genre.
		Fougères	Polypodium. — Un seul genre.
		Characées	Chara. — Un seul genre.
	Phanérogames : 1° Monocotylédons	Graminées	Un genre indéterminé, peut-être Poacites.
		Alismacées	Sagittaria ? ou du moins un genre analogue.
		Asparaginées	Ruscus. — Plusieurs espèces de ce genre, ou du moins analogues.
		Palmiers	Flabellaria. — Un seul genre.
		Liliacées	Smilacites. — Un seul genre.
	2° Gymnospermes	Conifères	Pinus. Taxites. Thuja. Juniperites. Podocarpus. Abies.
	3° Dicotylédons	Amentacées	Quercus. Carpinus. Alnus. Betula. Populus. Salix. Ulmus. Comptonia ?
		Euphorbiacées	Euphorbia. Buxus.
		Légumineuses	Medicago ? Lotus ? Melilotus ? Gleditsia ? Cercis
		Onagraires	Epilobium ? — Un seul genre.
		Symphoricées	Symphora ?
		Malvacées	Sterculia ? — Un seul genre.
		Byttnériacées	Büttneria ? — Un seul genre.
		Acérinées	Acer ? — Un seul genre.
		Rosacées	Prunus ? Amygdalus ? Pyrus ? — Trois genres.
		Solanées	Solanum ? — Un seul genre.
		Myrsinées	Myrsine, ou un genre fort rapproché.
		Ébéninées	Phyllyrea ? — Plusieurs, ou du moins un genre analogue.
		Asclépiadées	Periploca ? ou un genre voisin.
		Polygonées	Polygonum ? ou un genre peu différent.
		Laurinées	Laurus ? — Un seul genre.
		Thymélées	Daphne ? — Un seul genre.
		Familles incertaines	Phyllites. Culmites. Carpolithes. — Et autres espèces indéterminées (1).

(1) La flore du bassin tertiaire de Narbonne (Aude) est remarquable par les espèces analogues aux végétaux vivants qu'elle présente. On y découvre, avec des mousses, des fougères, des feuilles de pin, de saule, d'aune, de pêcher et de peuplier, ou du moins des espèces de ces genres qui paraissent très-rapprochées de celles qui vivent encore. On y [illegible], des fruits [illegible] et d'[illegible]. Nous y avons également [illegible] [illegible], et à peu près [illegible]. On y trouve, en outre, une foule d'autres végétaux [illegible] que nous publierons la flore qui a existé dans les temps géologiques dans le département de l'Aude.

TROISIÈME ÉPOQUE DE LA TROISIÈME PÉRIODE (ANIMAUX).

NATURE DES DÉPOTS.	EMBRANCHEMENTS.	CLASSES.	FAMILLES.	GENRES.
Terrains d'eau douce gypseux, appelés miocènes par les géologues anglais.	ANIMAUX INVERTÉBRÉS.	*Animaux articulés.* Insectes : 1er Ordre. — Coléoptères.	Carnassiers	Harpalus. Agonum. Scarites.
			Hydrocanthares	Dytiscus. Hydrobius.
			Brachélytres	Latrobium. Staphylinus.
			Sternoxes	Buprestis. Selis. Anthaxia.
			Lamellicornes	Melolontha. Cetonia. Partyprus. Sisiphus.
			Mélasomes	Sepidium. Opatrum. Asida. Notoxus. Erycthus. Tentyria. Scaurus.
			Rhynchophores ou Curculionides	Bruchus. Apion. Molytes. Sitona. Notaris ? Liparus. Dorytomus. Brachycerus. Cionus. Hypera. Naupactus. Cleonis. Rhinobatus. Baris. Calandra.
			Xylophages	Apate. Scolytus. Hylurgus. Tregossita. Ips.
			Capricornes	Callidium. Cerambyx. Clytus.
			Cycliques	Cassida. Chrysomela. Coccinella.
			Labidoures	Forficula.
		4e Ordre. — Orthoptères.	Coureurs	Blatta.
			Sauteurs	Gryllotalpa. Acheta. Xya. Locusta. Gryllus. Acrydium. — Un genre indéterminé.
		5e Ordre. — Hémiptères.	Géocorises	[illegible]. Miris. Pentatoma. Tingis. Aradus. Coryxus. Cydnus. Coreus. Lygaeus. Reduvius. Ploiaria. Gerris. Cimex.
			Hydrocorises	Nepa. Notonecta.
			Cicadaires	Cicada. Tettigonia. Asiraca. Cercopis. Membracis.
		6e Ordre. — Névroptères.	Subulicornes	Libellula. — Un autre genre indéterminé.
		5e Ordre. — Omoptères.	Pucerons	Aphis.
		6e Ordre. — Hyménoptères.	Térébrans	Tenthredo. Cryptus. Pteromalus.
			Pupivores	Ichneumon. Bracon. Pimpla. Anomalon. Agathis. Ophion.
			Diploptères	Polistes.
			Hétérogynes	Formica.
		7e Ordre. — Lépidoptères.	Diurnes	Cillo.
			Crépusculaires	Zygaena. Sesia.
			Nocturnes	Noctua. Bombyx.
		8e Ordre. — Diptères.	Némocères	Ceratopogon. Nephrotoma. Sciara. Trichocera. Thereva. Gnoriste. Bibio. Corethra. Anisopus. Sciaria. Penthetria. Hirtea. Limnobia. Sciophila. Mycetophyla. Platyura. Tipula. Dilophus. Rhyphus. Cordylenia.
			Tanystomes	Asilus. Empis. Tabanus. Nemestrina.
			Notacanthes	Oxycera. Nemotelus. Sargus. Xylophagus.
			Athéricères	Aphritis. Ochtera.
		9e Ordre. — Aptères.		Genres indéterminés.
		Arachnides.	Fileuses	Aranea. Tegenaria.
			Pédipalpes	Phrynus. Phalangium.
		Crustacés.		
		Mollusques.	Acéphales testacés ou conchifères	Unio. Cyclas. Cypris. Ostrea. Cyrena. Modiola.
			Céphalés ou univalves	Potamides. Cerithium. Bulimus. Neritina. Ancylus. Helix. Lymnaeus. Physa. Planorbis. Cyclostoma. Ferussina. Pupa.
	ANIMAUX VERTÉBRÉS.	*Poissons.* I. Cténoïdes.	Percoïdes	Perca. Smerdis.
			Sparoïdes	Sargus.
			[illegible]	Cottus.
		II. Cycloïdes.	Cyprinoïdes	Tinca. Cyclurus. Gobius. Leuciscus. Aspius. Rhodeus. Cobitis. Acanthopsis.
			Cyprinodontes	Lebias.
			Esoces	Esox. Sphaenolepis.
			Halécoïdes	Notaeus.
			Anguilliformes	Anguilla.
		III. Ganoïdes.	Pycnodontes	Sphaerodus.
			Gymnodontes	Diodon.
			Chimérides	Elasmodon. Psaliodon.
		IV. Placoïdes.	Squalides	Sphyrna. Corax. Galeocerdo. Notidanus. Otodus. Oxyrhina.
			Pristides	Pristis. Myliobates.
		Reptiles.	Chéloniens	Testudo. Emys. Trionyx.
			Sauriens	Crocodilus.
			Ophidiens	Un genre rapproché des *Coluber*.
			Batraciens	Rana. Salamandra.
		Oiseaux.	Gallinacés	Une espèce de la taille du Tetrao-Coturnix.
			Échassiers	Une espèce de la taille du Tringa-Cinclus. — Une autre de celle de l'Ibis religiosa.
			Palmipèdes	Une espèce entre la taille du Pelecanus-Carbo et du Pelecanus-Onocrotalus.
			Rapaces	Une espèce de la taille du Strix-Aluco. — Une autre de celle du Strix-Ulula. — Une autre de celle du *Falco-Buteo*. — Enfin, cinq à six espèces qui n'ont pu être déterminées.
		Mammifères terrestres.	Pachydermes	Dinotherium ? Elephas. Hippopotamus. Palaeotherium. Xiphodon. Rhinoceros. Ophiotherium. Anoplotherium. Dichobunus. Chaeropotamus. Lophiodon. Anthracotherium. Sus. — Un genre indéterminé.
			Solipèdes	Equus.
			Ruminants	Merycotherium. Sivatherium. Camelus. Cervus. Procervus. Capreolus. Cervulus. Antilope.
			Édentés	Dasypus.
			Rongeurs	Trogontherium vel Castor. Myoxus. Mus. Hystrix. Sciurus. Lepus. Echimys. Arctomys.
			Marsupiaux	Didelphis.
			Carnassiers	Canis. Hyaenodon. Hyaena. Nasua ? Amphicyon. Felis. Erinaceus. Centetes. Sorex. Mygale. Talpa. Viverra. Mustela. Lutra.
			Chéiroptères	Vespertilio.
			Quadrumanes	Pithecus. Lemur.

TABLEAU des Périodes que la végétation et l'animalisation ont suivies lors de leur apparition successive à la surface de la terre pendant les temps géologiques.

TROISIÈME PÉRIODE.

BASSINS IMMERGÉS.

TROISIÈME ÉPOQUE DE LA TROISIÈME PÉRIODE (VÉGÉTAUX).

NATURE des dépôts.	EMBRANCHEMENTS.	CLASSES.	FAMILLES.	GENRES.
TERRAINS TERTIAIRES ÉMERGÉS. — Terrains tertiaires d'eau douce moyens des bassins émergés, sans mélange de dépôts marins (*miocène* des géologues anglais). Ces terrains d'eau douce purs et sans débris marins sont à peu près parallèles à ceux des bassins immergés, s'ils ne sont pas plus anciens.	CRYPTOGAMES.	Cryptogames cellulaires foliacés.	Mousses. . . .	Muscites.
		Cryptogames semi-vasculaires ou æthéogames.	Characées. . .	Chara.
	PHANÉROGAMES.	Monocotylédons. . .	Palmiers. . .	Flabellaria.
		Gymnospermes. . . .	Conifères. . .	Pinus.
		Dicotylédons.	Acérinées. . .	Acer.

TROISIÈME ÉPOQUE DE LA TROISIÈME PÉRIODE (ANIMAUX).

EMBRANCHEMENTS.	CLASSES.	FAMILLES.	GENRES.
ANIMAUX INVERTÉBRÉS.	Monadés. . .	Simples ou homogènes. . . .	Monas, — et autres genres indéterminés.
	Articulés. . .	*Insectes :*	
		Orthoptères.	Mantis. — Gryllus.
		Névroptères.	Ephamera. — Termes. — Perla. — Phryganea.
		Hyménoptères.	Ichneumon. — Formica.
		Coléoptères.	Elater. — Atractocerus. — Curculio. — Platypus. — Apate. Ips. — Hylesinus. — Lyctus. — Chrysomela.
		Diptères.	Tipula. — Bibio. — Empis. — Musca.
		Hémiptères.	Cimex. — Pentatoma.
		Aptères.	Scolopendra.
		Arachnides.	Aranea. — Scorpio.
		Crustacés.	Cypris.
	Mollusques. .	Acéphales testacés ou conchifères.	Unio. — Cyclas. — Cyrena — Anodonta.
		Céphalés ou univalves. . . .	Bulimus. — Pupa. — Helix. — Physa. — Planorbis. — Lymnæus. — Neritina. — Cyclostoma. — Ferrussina. — Achatina.
ANIMAUX VERTÉBRÉS.	*Poissons.*		
	Cténoïdes. . .	Percoïdes.	Perca. — Smerdis.
		Scienoïdes.	Cottus.
	Cycloïdes. . .	Cyprinoïdes.	Tinca. — Cyclurus. — Gobius. — Leuciscus. — Aspius. — Rhodeus. — Cobitis.
		Cyprinodontes.	Lebias.
		Escoides.	Esox. — Sphenolepsis.
		Anguilliformes.	Anguilla.
	Reptiles. . . .	Sauriens.	Crocodilus, — et autres genres indéterminés.
		Chéloniens.	Emys. — Trionyx.
	Oiseaux. . . .	Echassiers ou palmipèdes. .	Genres indéterminés paraissant se rapporter à des espèces aquatiques ou à des oiseaux de rivage.

Te
tiste
d'eau
tiear
imm
cel
desg
glais
(
com
form
ces
prop
ge
te pl
dep
tien
sins

TABLEAU des Périodes que la végétation et l'animabn ont suivies lors de leur apparition successive à la surface de la terre pendant les temps géologiques.

TROISIÈME PÉRIODE.

QUATRIÈME ÉPOQUE DE LA 3e PÉRIODE (VÉGÉTAUX).

NATURE des dépôts.	CLASSES.	FAMILLES.	GENRES.	NATURE les dépôts.
Terrains tertiaires marins et d'eau douce supérieurs des bassins immergés (*Older and new pliocène* des géologues anglais). Ces terrains comprennent les formations douces et marines propres à cet étage, le dernier ou le plus récent des dépôts qui appartiennent aux bassins immergés.	Agames ou cryptogames cellulaires aphyles. . . .	Algues. . .	Fucus.	épôts tertiaires érieurs, comnant les forions marines d'eau douce appartien-t à cet étage; terrains ont nommés *older rène* par les ogues an- es dépôts dé-lent des bas-immergés.
		Conferves. .	Confervites.	
	Cryptogames cellulaires foliacés ou amphygames. . .	Mousses. . .	Muscites.	
	Cryptogames semi-vasculaires ou æthéogames. . .	Characées. .	Chara.	
	Phanérogames :			
	1° Monocotylédons.	Famille incertaine. .	Culmites. Carpolithes.	
	2° Gymnospermes.	Conifères. .	Pinus.	
	3° Dicotylédons. .	Juglandées..	Juglans.	

QUATRIÈME ÉPOQUE DE LA TROISIÈME PÉRIODE (ANIMAUX).

EMBRANCHEMENTS.	CLASSES.	FAMILLES.	GENRES.
ANIMAUX INVERTÉBRÉS	Zoophytes. . . .	*Animaux marins.*	
		Zoophytes : 1° Rayonnés.	Syringopora. Lunulites. Tragos. Turbinolia. Diploctonium. Astrea. Catenipora. Orbulites. Ceriopora. Cyathophyllum. Millepora. Madrepora. Lithodendron. Retepora. Oculina. Stromathophora. Agaricia. Seriatopora. Meandrina. Pavonia. Sarcinula. 21 genres.
		— 2° Radiaires.	Echinus. Scutella. Galerites. Clypeaster. Spatangus. Fibularia. — 6 genres.
	Articulés. . . .	*Animaux articulés.*	
		1er *Ordre.* Annélides. . .	Septaria. Serpula. — 2 genres.
		2e *Ordre.* Crustacés. . .	
		Décapodus. Brachyures.	Lupo. Cancer. Portunus.
		Décapodus. Macroures. .	Pagurus.
	Mollusques. . .	Mollusques.	Le nombre des mollusques qui appartiennent à cet ordre de terrains, est trop considérable pour être indiqué ici. Il comprend, en effet, plus de mille espèces et de cent vingt genres. Nous ne pouvons nous hasarder à en donner l'énumération; car, en le faisant, nous donnerions à ces tableaux une étendue trop considérable. Ces genres comprennent non-seulement des mollusques marins, mais encore des espèces des eaux douces et des terres sèches et découvertes. Du reste, les mollusques de cet étage appartiennent à des espèces marines des eaux douces et des terres sèches.
ANIMAUX VERTÉBRÉS.	*Poissons.*		
	Cténoïdes. . . .	Squammipèdes.	Platax.
	Cycloïdes. . . .	Scombéroïdes.	Acanthonemus.
	Placoïdes. . . .	Squalides.	Sphyrna. Corax. Hemipristis. Nolidamus. Oxyrhina. Lamna.
		Hybodontes.	Hybodus.
		Pristides.	Myliobates. Aetobatis. Zygobates.
	Reptiles.	Chéloniens.	Testudo. Emys. Trionyx. Chelonia. — 4 genres.
		Sauriens.	Crocodilus. — Un genre.
	Oiseaux.	Rapaces.	Strix. — Un seul genre.
		Echassiers.	Ardea. — Un seul genre.
		Palmipèdes.	Anas. — Un seul genre.
	Mammifères marins ou cétacés.	Herbivores.	Manatus. Halicore. Metaxytherium. — 3 genres.
		Carnivores ordinaires. . .	Delphinus. Physeter. Balæna. — 3 genres.
	Mammifères terrestres. . . .	Pachydermes.	Sus. Tapir. Palæotherium. Lophiodon. Rhinoceros. Hippopotamus. Mastodon. Elephas. — 8 genres.
		Solipèdes.	Equus. Hipparium. — 2 genres.
		Edentés.	Megatherium. Megalonyx. Macrotherium. Dasypus.
		Ruminants.	Cervulus. Cervus. Capreolus. Bos. Autilope. Capra. — 6 genres.
		Rongeurs.	Castor. Lepus. — 2 genres.
		Carnassiers.	Ursus. Canis. Hyæna. Felis. — 4 genres.

TABLEAU des Périodes que la végétation et l'animalisation ont suivies lors de leur apparition successive à la surface de la terre pendant les temps géologiques.

TROISIÈME PÉRIODE.

CINQUIÈME ÉPOQUE DE LA TROISIÈME PÉRIODE (VÉGÉTAUX).

NATURE DES DÉPÔTS.	CLASSES.	FAMILLES.	GENRES.
TERRAINS QUATERNAIRES (*pleistocène*) FORMÉS APRÈS LA RETRAITE DES MERS, OU LEURS RETRAITS DANS LEURS BASSINS RESPECTIFS	Phanérogames :		
—	1° Monocotylédons.	Famille incertaine.	Genres incertains reconnus par des bois lignitifiés.
Étage inférieur. Calcaires et marnes d'eau douce stratifiés.	2° Dicotylédons.	Famille incertaine.	Genres incertains reconnus par des bois lignitifiés.
—	Phanérogames		
Étage supérieur. Calcaires, marnes et sables d'eau douce pulvérulents. Dépôts clysmiens ou diluviens.	1° Monocotylédons.	Graminées	Arundo ? — Un seul genre.
	2° Gymnospermes.	Conifères	Pinus ? — Un seul genre.
	3° Dicotylédons.	Laurinées	Laurus ? — Un seul genre.
		Jasminées	Olea ? — Un seul genre.
		Convolvulacées	Convolvulus ? — Un seul genre.
		Apocynées	Nerium ? — Un seul genre.
		Ampélidées	Vitis ? — Un seul genre.
		Ulmacées	Ulmus ? — Un seul genre.
		Amentacées	Quercus ? — Un seul genre.

CINQUIÈME ÉPOQUE DE LA TROISIÈME PÉRIODE (ANIMAUX).

NATURE DES DÉPÔTS.	EMBRANCHEMENTS.	CLASSES.	FAMILLES.	GENRES.
TERRAINS QUATERNAIRES (pleistocène)	ANIMAUX INVERTÉBRÉS.	Mollusques.	Céphalés ou univalves.	Lymnæa. — Planorbis. — Cyclostoma.
			Acéphales testacés ou conchifères	Unio.
—	ANIMAUX VERTÉBRÉS.	Reptiles	Chéloniens	Trionyx. — Emys.
		Oiseaux	Gallinacés	Genres incertains.
		1° Mammifères marins	Mammifères cétacés herbivores	Manatus. — Genre détaché des formations préexistantes.
Étage inférieur. Calcaires et marnes d'eau douce stratifiés.		2° Mammifères terrestres	Pachydermes	Mastodon. — Elephas. — Hippopotamus. — Tapir. — Rhinoceros. — Sus
			Solipèdes	Equus. — Hippotherium.
			Ruminants	Cervus. — Dama. — Procerus. — Alces. — Cervulus. — Ovis. — Antilope. — Aurochs
			Carnassiers	Ursus. — Hyæna. — Felis. — Speothos.
—	ANIMAUX INVERTÉBRÉS.	Insectes	Carnassiers	Carabus. — Un seul genre.
			Lamellicornes	Trichius. — Cetonia. — 2 genres.
		Coléoptères	Sténélytres	Helops. — Un seul genre.
			Cycliques	Chrysomela. — Un seul genre.
		Névroptères		Phryganea. — Un seul genre.
		Aptères		Julus. — Un seul genre.
		Mollusques	Acéphales testacés ou conchifères	Pectunculus. — Mytilus. — Arca. — Unio. — Cyclas. — Ostrea. — Pecten. — Balanus.
			Céphalés ou univalves	Patella. — Testacella. — Cyclostoma. — Bulimus. — Lymnæa. — Physa. — Planorbis. — Paludina. — Neritina. — Natica. — Buccinum. — Helix.
Étage supérieur. Calcaires, marnes et sables d'eau douce pulvérulents. Dépôts clysmiens ou diluviens.	ANIMAUX VERTÉBRÉS.	Poissons: Cycloïdes.	Ésocides	Esox. — Un genre.
			Halécoïdes	Clupea. — Un seul genre.
		Reptiles	Chéloniens	Testudo. — Emys. — Trionyx. — 3 genres.
			Ophidiens	Un genre rapporté aux couleuvres.
			Batraciens	Rana. — Un seul genre.
		Oiseaux	Carnassiers ou rapaces	Strix. — Plusieurs autres genres indéterminés.
			Passereaux	Loxia ? — Un seul genre.
			Gallinacés	Genres indéterminés.
			Échassiers	Ardea ? — Un seul genre.
			Palmipèdes	Anas. — Un seul genre.
		Mammifères marins ou cétacés	Herbivores	Halicore. — Metaxytherium.
		Mammifères terrestres	Pachydermes	Palæotherium. — Elephas. — Mastodon. — Sus. — Hippopotamus. — Rhinoceros. — Dicotyles
			Solipèdes	Equus. — Hipparion ou Hippotherium.
			Ruminants	Cervus. — Dama. — Procerus. — Capreolus. — Cervulus. — Antilope. — Alces. — Ovis. — Capra. — Bos. — Camelus. — Auchenia. — Leptotherium.
			Édentés	Megalonyx. — Megatherium. — 2 genres.
			Rongeurs	Castor. — Mus. — Arvicola. — Sciurus. — Lepus. — Lagomys. — Cavia. — Erethizon. — Synetheres. — Sphiggurus. — Aterura. — Dasyprocta. — Holophorus. — Hydrochœrus. — Cœlogenis. — Citillus. — Lagostomus. — Aulacodus. — Kelomis. — Lonchophorus. — Myopotamus. — Hystrix. — Kerodon.
			Marsupiaux	Dasyurus. — Macropus. — Phascolomys. — Diprotodon. — Hamaltorus. — Bettongia. — Hypsiprymnus. — Koala. — Didelphis. — Thylacinus.
			Carnassiers	Ursus. — Viverra. — Mustela. — Erinaceus. — Talpa. — Canis. — Hyæna. — Felis. — Sorex. — Speothos. — Meles. — Putorius. — Martes.
			Cheiroptères	Vespertilio. — Un seul genre.
			Quadrumanes	Cebus. — Protopithecus. — Jacchus. — 3 genres.
			Bimanes	Homo. — Un seul genre.

RÉSUMÉ.

Les Tableaux précédents prouvent, ce semble, d'une manière évidente qu'il y a eu une succession graduée dans l'apparition des êtres vivants, laquelle a eu lieu le plus généralement en raison directe de la complication de l'organisation. Du moins, les végétaux, qui ont commencé par les algues, sont arrivés par degrés aux dicotylédons, les plus compliqués de l'organisation végétale; tandis que, d'un autre côté, les animaux, signalés dans leur première apparition par les zoophytes, ont été terminés dans leur progression par l'homme, le plus nouveau des êtres de la création et qui en a en quelque sorte couronné l'œuvre, ou, si l'on veut, en a été le terme et la fin.

www.ingramcontent.com/pod-product-compliance
Ingram Content Group UK Ltd.
Pitfield, Milton Keynes, MK11 3LW, UK
UKHW022148170726
13837UKWH00004B/1860

9 782329 464954